BEI GRIN MACHT SICH IHR WISSEN BEZAHLT

- Wir veröffentlichen Ihre Hausarbeit, Bachelor- und Masterarbeit

- Ihr eigenes eBook und Buch - weltweit in allen wichtigen Shops

- Verdienen Sie an jedem Verkauf

Jetzt bei www.GRIN.com hochladen und kostenlos publizieren

Maja Tintor

Siamesische Zwillinge. Eine Debatte über die Trennung

GRIN Verlag

Bibliografische Information der Deutschen Nationalbibliothek:

Die Deutsche Bibliothek verzeichnet diese Publikation in der Deutschen National-
bibliografie; detaillierte bibliografische Daten sind im Internet über http://dnb.d-
nb.de/ abrufbar.

Impressum:

Copyright © 2006 GRIN Verlag GmbH
Druck und Bindung: Books on Demand GmbH, Norderstedt Germany
ISBN: 978-3-638-79214-1

Dieses Buch bei GRIN:

http://www.grin.com/de/e-book/54831/siamesische-zwillinge-eine-debatte-ueber-
die-trennung

GRIN - Your knowledge has value

Der GRIN Verlag publiziert seit 1998 wissenschaftliche Arbeiten von Studenten, Hochschullehrern und anderen Akademikern als eBook und gedrucktes Buch. Die Verlagswebsite www.grin.com ist die ideale Plattform zur Veröffentlichung von Hausarbeiten, Abschlussarbeiten, wissenschaftlichen Aufsätzen, Dissertationen und Fachbüchern.

Besuchen Sie uns im Internet:

http://www.grin.com/

http://www.facebook.com/grincom

http://www.twitter.com/grin_com

Uni
Osnabrück

Fachbereich Biologie/Chemie

Fachrichtung Biologie

Siamesische Zwillinge

- Eine Debatte über die Trennung -

Seminararbeit: angefertigt im Fach Biologie in interdisziplinärer Perspektive für Lehramtsstudierende - Bioethik

Erstellt von:

Maja Tintor

3. Semester im WS 05/06

Unterrichtsfach: Biologie

Fachrichtung: Gesundheitswissenschaften

Inhaltsverzeichnis

1   Einleitung 3

2   Medizinische Aspekte 4

    2.1   Entstehung von Zwillingen 4

    2.2   Siamesische Zwillinge - Ausprägungsformen 5

    2.3   Siamesische Zwillinge – Operationsmöglichkeiten 5

3   Erfolgsaussichten eines chirurgischen Eingriffs 6

    3.1   Trennung der Betroffenen im adulten Zustand 6

    3.2   Gründe für eine Trennung 7

    3.3   Entscheidung gegen eine Trennung 8

4   Das Lebensumfeld 9

5   Der Religiöse Hintergrund 10

6   Juristische Aspekte 11

7   Abschluss 12

    7.1   Resümee 12

    7.2   Fazit 15

8   Quellenangaben 16

1   Einleitung

Siamesische Zwillinge sind ein besonderes Naturphänomen. Sie kommen äußerst selten vor. Jahrelang waren sie die Attraktion auf Jahrmärkten, wurden im Mittelalter als Teufelswerk angesehen (vgl. Sulzer 1990, S. 159), bei den Inkas wurden sie andererseits als Gottheiten verehrt.

Aus welcher Perspektive siamesische Zwillinge auch gesehen werden, sei es die wohlwollende oder die verachtende Variante: sie bleiben Heute wie Gestern aus der Norm fallende Menschen. Gerade deswegen fristen sie oftmals ein Randdasein innerhalb der Gesellschaft, denn selbst im 21. Jahrhundert beschäftigen wir uns vordergründig mit den schönen und mächtigen Menschen. Selten finden sich andersartige oder gar hässliche im Rampenlicht. In Zeiten von Schönheitsoperationen, MakeUp und perfekten Styles ist nahezu alles machbar geworden. Wer nicht attraktiv ist, ist praktisch selbst schuld.

Für die Medizin sind Ausnahmeerscheinungen eine willkommene Forschungsmöglichkeit. Der NS-Arzt Mengele hat in Auschwitz für seine Versuche zwar gesunde Zwillinge missbraucht, diese teilweise jedoch miteinander vernäht, um siamesische Zwillinge zu erhalten. Für den persönlichen Ruhm ist er im wahrsten Sinne des Wortes schließlich über Leichen gegangen (vgl. Bethge 2001, S. 243f.). Auch heute noch bleibt fraglich, wie effektiv tatsächlich ein medizinischer Eingriff an siamesischen Zwillingen ist (vgl. Sulzer 1990, S. 175).

Wozu also eine Hausarbeit über siamesische Zwillinge?

Ziel dieser Arbeit ist nicht nur die Annäherung an ein besonderes Phänomen, sondern zugleich und insbesondere die Auseinandersetzung mit einem grundlegenden Problem: im Zusammenhang mit der Trennung dieser Zwillingspaare wird sehr deutlich, wie unsere Gesellschaft oder unsere heutige Zeit funktioniert. Wie viel Entscheidungsfreiheit hat der Mensch überhaupt?

Wie wichtig ist die Individualität tatsächlich in Zeiten, wo doch die persönliche Autonomie groß geschrieben wird? Soll das Individuelle bewahrt bleiben? Kann nicht auch das Besondere, das Andersartige schön sein?

Oder zählt in einer Kapitalgesellschaft am Ende nur das Leistungsprinzip und die Verwertbarkeit jedes Einzelnen?

Siamesische Zwillinge bieten eine riesige Plattform für vielerlei Überlegungen rund um den Sinn des Lebens an. Wie in keinem anderen Fallbeispiel offenbaren sie anscheinend eine enorme Diskrepanz zwischen Wunsch und Wirklichkeit. Daher werde ich mich mit folgender Fragestellung beschäftigen: inwieweit ist eine operative Trennung vertretbar – aus ethischer, juristischer und medizinischer Sicht?

2   Medizinische Aspekte

2.1   Entstehung von Zwillingen

Zweieiige Zwillinge reifen als zwei Eizellen im Mutterleib heran. Werden beide von je einem Sperma befruchtet, entstehen zweieiige Zwillinge. Dies ist die häufigste Form unter Zwillingen (vgl. Schiebler 1999, S. 130). Sie ähneln sich aufgrunddessen nicht stärker als andere Geschwister, sind allerdings nahezu gleich alt. Sie können unterschiedlichen Geschlechts sein (vgl. Joppich 2002).

Eineiige (monozygote) Zwillinge wiederum entstehen aus einer Eizelle und einem Sperma (vgl. Sulzer 1990, S.13). Die befruchtete Eizelle teilt sich, wobei sie sich in zwei voll entwicklungsfähige Embryonalanlagen teilt, woraus zwei identische Kinder entstehen. Diese haben das gleiche genetische Material. Man unterscheidet je nach Stadium dieser Teilung (vgl. Schiebler 1999, S.102f.).

Siamesische Zwillinge trennen sich nicht ganz, d.h. es kommt zu einer unvollständigen Durchschnürung des Embryoblasten im späten Entwicklungsstadium der Blastozyste nach dem 13. Tag nach der Befruchtung. Sie bleiben somit miteinander verbunden, teilweise lediglich mit äußeren Geweben, teilweise mit ganzen Organen (vgl. Pschyrembel 2002, S. 380). Folglich handelt es sich um eine Fehlentwicklung (vgl. Duden 1984, S. 3473). Sie sind sehr selten und kommen etwa einmal bei 100 000 Geburten vor. Dies liegt auch daran, dass ca. 30 von 100 siamesischen Zwillingen vor der Geburt bereits abgestossen werden, da sie nicht überlebensfähig wären aufgrund starker Fehlentwicklungen. Sofern es zur Geburt kommt, wird in der Regel ein Kaiserschnitt durchgeführt, um eventuellen gesundheitlichen Risiken der Mutter entgegenzuwirken. Ein weiteres Drittel ist nach der Geburt nicht überlebensfähig. Dies führt zu einer Wahrscheinlichkeit von insgesamt 1 lebensfähigen siamesischen Zwillingspaar auf 1 Million Geburten (vgl. Joppich 2002).

2.2 Siamesische Zwillinge - Ausprägungsformen

Bei siamesischen Zwillingen wird zwischen Art und Ausmaß der Verwachsung unterschieden (vgl. Schiebler 1999, S. 130f.):

- **Thorakopagus** ist eine Verwachsung am Brustbereich. Dies ist bei etwa 70 % der siamesischen Zwillinge der Fall.

- Als **Omphalopagus** wird eine Verwachsung am Bauchbereich bezeichnet. Bekanntes Beispiel sind die Brüder Bunker aus Siam, die namengebend waren (s.u.).

- Beim **Pygopagus** handelt es sich um eine Verwachsung am Steißbein.

- **Craniopagus** ist eine Verwachsung am Kopf. Craniopaguspaare sind äußerst selten. Schätzungsweise in einem Verhältnis von 1:2 000 000 Geburten (ca. 2 % der Fälle) tritt diese Missbildung auf (vgl. Pschyrembel 2002, S. 380). Vor nicht allzu langer Zeit hat der STERN über solch einen Fall in Deutschland, nämlich die Schwestern Lea und Tabea, berichtet. In der Regel handelt es sich um so schwerwiegende atypische Deformationen, dass es im vorgeburtlichem Stadium zum Abortus kommt, da es nicht überlebensfähig wäre.

- Außerdem sind **Sonderformen** bekannt wie Dizephalie, d.h. einzelne Körperteile sind mehrfach vorhanden (vgl. Sulzer 1990, S. 175) – in diesem Fall beispielsweise zwei Köpfe wie bei den Schwestern Hensel aus den USA, die sich trotz dieses Handicaps erfolgreich in ihrem Umfeld integrieren konnten.

2.3 Siamesische Zwillinge – Operationsmöglichkeiten

Sofern eine operative Trennung kurze Zeit nach der Geburt möglich ist, liegt die Überlebenswahrscheinlichkeit der Zwillinge bei 50 %. Bereits ab einem Monat nach der Geburt minimiert sich die Lebenschance bei Trennung auf 10 %. Hinzu kommt allerdings auch der Schweregrad der Missbildung. Denn nicht immer erfolgte die Teilung der Blastozyste symmetrisch, so dass es zu so genannten parasitären Formen kommen kann (vgl. Pschyrembel 2002, S. 160), d.h. das weiter entwickelte Kind (Autosit) trägt das weniger entwickelte Kind (Parasit) am oder im Körper. Manchmal ist letzteres nur ein tumorähnlicher Zellhaufen („Steinkind") (vgl. ebd. S. 1258f.).

Voraussetzung für eine Trennung ist, dass beide Kinder die lebensnotwendigen Organe besitzen und nicht zu kompliziert miteinander verwachsen sind (etwa über Blutgefäße oder das Gehirn).

Ein Trennungsversuch wird erzwungen durch eine Not-OP, sofern mindestens eines der beiden Kinder zu sterben droht. Damit wird der Versuch gemacht, eines oder beide zu retten, wobei das Sterben des anderen Zwillings durchaus in Kauf genommen wird (vgl. Sulzer 1990, S. 263).

Handelt es sich um eine genau geplante und vorbereitete OP, wird sie als elektive Trennungsmethode bezeichnet. Dabei wird die Trennung sorgfältig vorbereitet, unter Umständen gibt es Voroperationen (z.B. um bei Craniopaguspaaren die Haut am Schädel vorzudehnen und damit später die Wunde zu schließen), wobei die eigentliche Trennung erst im zweiten Lebenshalbjahr erfolgt.

Eine Trennung kommt nicht in Frage, wenn diese mit den medizinischen Möglichkeiten nicht erfolgreich machbar ist bzw. wenn schwerste Verstümmelungen zu erwarten sind oder die Kinder nicht überlebensfähig blieben (vgl. Joppich 2002).

3 Erfolgsaussichten eines chirurgischen Eingriffs

Ladan und Laleh Bijani starben beide im Alter von 29 Jahren während des Versuchs, sie zu trennen. Sie waren am Kopf zusammengewachsen, hatten zwei getrennte Gehirne, allerdings nur eine Hauptvene. Ihr Wunsch nach zwei getrennten Leben war größer als die Angst vor dem dabei einkalkulierten Tod. Auch haben sie in Kauf genommen, dass eventuell eine oder beide für den Rest des Lebens hätte behindert sein können oder mit dem Bewusstsein leben müssen, für den Tod der anderen mitverantwortlich zu sein. In Singapur erklärten sich schließlich Ärzte bereit, den komplizierten Eingriff einschließlich der Rekonstruktion einer zweiten Hauptvene durch ein Blutgefäß aus dem Oberschenkel zu wagen. Am Ende sind beide Frauen verblutet (vgl. Berndt 2003).

3.1 Trennung der Betroffenen im adulten Zustand

Seit 1928 wurden immerhin 60 am Kopf verbundene Zwillinge voneinander getrennt, dabei haben allerdings lediglich 7 Paare den Eingriff ohne Hirnschäden überlebt, 17 sind pflegebedürftig aufgrund von neurologischen Schäden und der Rest ist während der Operation gestorben. Leicht erkennbar wird anhand dieser Zahlen das hohe Risiko dieser OP's mit einer extrem niedrigen Rate an tatsächlichem Erfolg. Dabei gilt, dass je jünger die Patienten, desto wahrscheinlicher der Erfolg. Immerhin können Schäden bei Kindern besser kompensiert werden als bei Erwachsenen. Um so erstaunlicher, dass sich die Ärzte auf das Wagnis mit den Schwestern Bijani eingelassen haben, denn selbst bei Neugeborenen ist die Chance auf Leben sehr gering. Zudem gab es bis dato keinen einzigen Trennungsversuch an erwachsenen siamesischen Zwillingen, so dass zusätzlich jegliche Erfahrung im medizinischen Bereich fehlte und damit das Risiko nicht unwesentlich erhöht wurde. Andererseits lässt sich sagen, dass die Operation der Wille beider Patientinnen war. Sie waren zu dem Zeitpunkt mündig. Womöglich hätten die Ärzte die Behandlung verweigern müssen, selbst wenn sie das Risiko nicht tragen mussten, weil das Unternehmen den Patientinnen keinen gesundheitlichen Nutzen bringen würde (vgl. Wormer 2003). Die beiden Frauen waren zwar am Kopf zusammengewachsen, litten allerdings nicht unter starken Schmerzen oder schwerwiegenden Erkrankungen. Es handelte sich nicht um eine akut bedrohliche, ausweglose Situation wie etwa bei einem Krebspatienten im Endstadium. Im Gegenteil: die Operation hätte ihnen so oder so geschadet – sei es durch Tod oder andere Behinderung (vgl. Joppich 2002). Dabei stellt sich die Frage, ob eine Behinderung bei Überleben des Eingriffs überhaupt ein lebenswertercs Leben darstellen würde.

3.2   Gründe für eine Trennung

Von den Ärzten wurde offensichtlich in diesem Falle der Eid des Hippokrates völlig übergangen, womöglich wollten sie Medizingeschichte schreiben oder litten unter ärztlicher Selbstüberschätzung. Leicht zu vergessen bei dieser Handlungsweise ist oft die Tatsache, dass sie dabei aktiv Leben gefährdeten und – um weiter zu gehen – aktive Sterbehilfe leisteten (vgl. Wormer 2003). Andererseits hat sich die Medizin in den letzten Jahrzehnten stark gewandelt: Klonen, Pränataldiagnostik, Gentechnik – all dies hat zu einer Verschiebung der ethischen Grundsätze beigetragen (vgl. Tolmein 2000). Selbst der heutige Schönheitswahn und die damit verbundenen Schönheitschirurgie ließe das Handeln der Ärzte im Fall der siamesischen Zwillinge rechtfertigen, denn schon wesentlich unerheblichere Operationen werden zugunsten von fragwürdigen Zielen praktiziert - jenseits vom ursprünglichen medizinischen Handlungsfeld (vgl. Deupmann 2001, S. 241). Längst geht es nicht mehr um alleinige Gesundheit im Sinne eines Heilens jeder Krankheit. Der Gesundheitsbegriff hat sich in den letzten Jahren ebenfalls stark gewandelt. So lautet die Definition der WHO: „Gesundheit ist der Zustand völligen körperlichen, geistigen, seelischen und sozialen Wohlbefindens" (vgl. Pschyrembel 2002, S. 594). Daraus lässt sich schließen, dass selbst derjenige nicht 100%ig gesund ist, der ein psychisches Problem mit seinem Körper hat. Jeder Normalbürger vermag sich dabei heutzutage einen neuen Körper zu kaufen, das Risiko bei diesen Operationen ist ebenfalls nicht gering. Zudem gibt es keinerlei Langzeitstudien über Silikonimplantate oder etwa Botox. Dennoch werden riskante Eingriffe akzeptiert, auch im Sinne einer psychischen Gesundung.

Wenn sich nun Transsexuelle einer Operation unterziehen dürfen, weil sie aus ihrer Sicht im falschen Körper geboren wurden, wie könnte dann siamesischen Zwillingen das Recht auf ein eigenständiges, individuelles Leben abgesprochen werden? Auch hier ist der psychische Druck dermaßen groß, dass der Jetzt-Zustand als nicht mehr lebenswert angesehen wird und damit nicht als normal im Sinne von zufriedenstellend definiert werden kann. Damit soll „Freiheit nicht gewollter Zwänge" zustande kommen (Sulzer 1990, S. 183).

3.3   Entscheidung gegen eine Trennung

Es gibt andererseits durchaus Beispiele für siamesische Zwillingspaare, die gegen eine Trennung waren. Dazu zählen zunächst die berühmtesten und die Namensgeber der Missbildung: Chang und Eng Bunker aus Siam (Thailand). Sie wurden 1811 geboren und waren nur am Hautlappen des Bauches miteinander verwachsen, so dass eine Trennung problemlos (zumindest in heutiger Zeit) hätte ablaufen können (vgl. ebd.). Allerdings stand diese bei den Brüdern niemals zur Debatte, nicht zuletzt auch deswegen, da sie ohnehin ein erfülltes Leben führten: sie waren mit zwei Schwestern verheiratet und hatten insgesamt 22 Kinder (vgl. Sulzer 1990, S. 194f.). Sie führten relativ individuelle Leben trotz Verwachsung und hatten eine positive Lebensphilosophie entwickelt, indem sie ihre Besonderheit vermarkteten: sie traten als Attraktion auf (vgl. Sulzer 1990, S. 120). Damit wurde ihre Behinderung gleichzeitig zum Beruf in Form einer Berufung. Ihr Leben hatte damit einen Sinn. Wären sie getrennt worden, wären sie zwar normal, d.h. nicht norm-abweichend, aber unbedeutend. Insofern war dieser Gedanke für beide ein Albtraum. Sie hätten ihre gesamte Existenz verloren.

Auch Mary und Margret Gibb aus den USA verweigerten eine Trennung. Sie wurden 1912 geboren und waren am Rücken verbunden. Sie lehnten eine Trennung ab, auch als eine an Krebs erkrankte und über den gemeinsamen Blutkreislauf die andere mit Tochtergeschwulsten befallen wurde. Beide starben schließlich an der Erkrankung. In diesen Fällen war die Verbundenheit noch stärker, als sie bei Zwillingen ohnehin schon vorhanden ist (vgl. Sulzer 1990, S. 76, 214).

Weitaus weniger spektakulär sind Lori und Reba Schapell aus den USA. Sie sind 40 Jahre alt und nach eigenen Aussagen glücklich (am Kopf zusammengewachsen). Aus ihrer Sicht leidet ihre Lebensqualität nicht. Sie haben eine positives Lebensgefühl entwickelt, um so normal wie möglich ihr Leben zu gestalten (vgl. Berndt 2003).

Erwähnenswert ist an dieser Stelle Antonovskys Modell zur Salutogenese. Es gilt für alle Menschen und beschäftigt sich mit der Frage, was Menschen gesund erhält. Dabei wird unterstrichen, dass das sogenannte Kohärenzgefühl ein mitunter ausschlaggebender Faktor sei, um ein positives Lebensgefühl zu entwickelt und damit zum erfüllten Leben beizutragen. Es handelt sich um die psychische Komponente des allgemeinen Wohlbefindens (vgl. BzgA 2001).

4   Das Lebensumfeld

Grundsätzlich spielt die Umwelt eine entscheidende Rolle bei der Entwicklung und Stärkung des Selbstwertgefühls. Die Akzeptanz von unschönen Menschen ist begrenzt, Behinderte oder Missgebildete führen eher ein Randdasein innerhalb der Gesellschaft.

Doch nicht nur die siamesischen Zwillingen sind dem äußeren Druck ausgesetzt, sondern auch die Eltern. Heutzutage gibt es Möglichkeiten, mittels Ultraschall-Vorsorge-Untersuchung Fehlbildungen frühzeitig zu erkennen und gegebenenfalls abzutreiben (vgl. Blech et al. 2002, S. 78). Folglich herrscht mangelndes Verständnis für all diejenigen, die sich dennoch für diese Kinder entscheiden. Immerhin kosten die siamesischen Zwillinge viel Geld (Ausstattung, Pflege, Arztkosten). Und eine nach der Geburt folgende Trennung ist noch teurer. Was veranlasst also die Eltern, diesen Kindern dennoch das Leben zu schenken?

5 Der Religiöse Hintergrund

Lea und Tabea Bloch aus Deutschland wurden 2004 medienwirksam in den USA getrennt, wobei Tabea bei dem Eingriff starb. Die Eltern sind gläubige Mennoniten. Auf deren Homepage wird behauptet, Mediziner hätten den Kindern ohne OP keine Überlebenschance zugesprochen. Die Eltern wollten den Zwillingen ein liegendes Leben ersparen. Bei der Vorsorgeuntersuchung wurde nämlich festgestellt, dass die Mädchen am Kopf zusammengewachsen waren. Eine Abtreibung kam für die Eltern nicht in Frage, da „Gott Schöpfer allen Lebens ist". Eine Tötung war demnach indiskutabel. „Gott" hätte ihnen die „Kinder anvertraut" und eine Abtreibung wäre eine „seelische Belastung" für die Mutter, wobei auch hier eine egoistische Komponente seitens der Mutter unterstellbar wäre: denn sie müsste den Mord an ihren Kindern psychisch verarbeiten und verantworten.

Gleichzeitig wandten sich die Eltern frühzeitig an die Presse, um eine Trennung mit möglicher Todesfolge finanzieren zu können. Im weitesten Sinne wollten sie ihre Kinder nicht selbst per Abtreibung töten, d.h. nicht die Verantwortung dafür übernehmen, aber doch mit guten Chancen töten lassen und sich damit erneut der Verantwortung zu entziehen, da diese von den Ärzten getragen würde (vgl. Lakotta 2002, S. 81).

Andererseits kann die Operation zum einen als Chance auf individuelles Leben angesehen werden und zum anderen im Todesfall als Erlösung.

Bei Behinderung stellt sich jedoch die Frage, ob das Lebensrecht nicht zu reiner Lebenspflicht wird. Gleichzeitig – sofern von der Elternposition ausgegangen wird – ist das Unternehmen allemal einen Versuch wert, denn pflegebedürftig sind die Kinder in dem Fall dann so oder so.

Schwierig für alle Kantianer mag der Gottglaube im 21. Jahrhundert bleiben: denn damit wird stets eine Portion an Selbständigkeit durch die eigentlich Verantwortlichen (die Eltern) von sich geschoben („Es ist Gottes Wille").

Die Mennoniten: „Für Christen sind dunkle Wolken nur der Schatten von Gottes Flügeln"(vgl. Mennonitische Nachrichten 2005).

6   Juristische Aspekte

Aus juristischer Sicht handelt es sich um eine Interessenabwägung, denn „Schutz des Rechts auf Leben" wird heute oft zum „Schutz des bloßen biologischen Überlebens". Insofern wird die Lebensqualität hinterfragt, wobei erwachsene siamesische Zwillinge durchaus ihre Meinung äußern könnten, anders sieht es bei den Neugeborenen aus, über deren Köpfe hinweg entschieden werden muss, ob eine Behinderung in Kauf genommen werden kann. Die Eltern als Verantwortungsträger für ihre Kinder und zugleich mögliche Pfleger tragen oftmals die Entscheidung.

Anders sah es im Fall von Jodie und Mary aus Malta aus. 2000 wurden sie als siamesische Zwillinge in Großbritannien geboren, wo die arbeitslosen Eltern die Möglichkeit erhielten, eine kostenlose Entbindung und medizinische Versorgung für die Zwillinge in Anspruch zu nehmen. Für die gläubigen Katholiken kam eine Trennung nicht in Frage, obwohl den beiden Mädchen geringe Überlebenschancen zugesprochen wurden. Denn ein operativer Eingriff hätte von vornherein den Tod Marys einkalkuliert. Die Ärzte gingen vor Gericht, und die Eltern wurden entmündigt. Schließlich wurde entschieden, Mary zu Gunsten ihrer Schwester sterben zu lassen, um diese zu retten. Dabei war der Tod nicht das Ziel, sondern die Folgeerscheinung der Lebensrettung, so die Begründung. Auch sei sie nicht durch Ärzte gestorben, sondern da sie ohnehin nicht überlebensfähig gewesen wäre (vgl. Tolmein 2000).

Doch aus rechtlicher Sicht fand ebenso die OP gegen Marys Interessen statt, sie konnte aber nicht dagegen sprechen. Die Richter entschieden den Tod gegen das Lebensrecht eines einwilligungsunfähigen Menschen.

Die bewusste Tötung eines nicht allein lebensfähigen, aber nicht akut gefährdeten Kindes zur Rettung des anderen ist eine schwerwiegende ethische und moralische Fragestellung. Abzuwägen wäre dabei auch die Lebensqualität, die dieses Zwillingspaar dann zukünftig erwarten würde, wobei es sich wieder um einen hypothetischen Versuch handeln würde, Dinge vorherzusehen, die aufgrund weniger Erfahrungswerte im Grunde genommen nicht wirklich abschätzbar sind.

Sarkastisch gesprochen ließe sich am Ende sagen: Operation gelungen – Patient tot. Der Strafrechtler Prof. Merkel geht tendenziell den Wurzeln Singers nach, wenn er behauptet, es handele sich um „unwertes Leben".

Merkels Meinung nach ergibt sich der „Wert" aus der zu erwartenden Qualität aus Sicht des leidenden Kindes und nicht aus gesellschaftlichen Interessen. Dies rechtfertigt zugleich das Sterben lassen der Neugeborenen und betrachtet aktive Sterbehilfe als eine Form von ethischem Handeln. Gleichzeitig unterstreicht er allerdings, dass das Töten zugunsten eines Dritten inakzeptabel ist. Dies gilt auch für siamesische Zwillinge, bei denen der eine zugunsten des anderen sterben soll (vgl. Ruch 2001).

7 Abschluss

7.1 Resümee

Erfüllt das eigene Dasein jedoch nicht einen Selbstzweck? Sind nicht alle Menschen gleich? Wozu eine Trennung der Zwillinge?

Aus religiöser Sicht ergeben sich je nach Standort zwei Varianten der Begründung: zum einen war es Gottes Wille, die Zwillinge in dieser natürlichen Form überlebensfähig zu machen, zum anderen könnte es Gottes Wille sein, sie bei der Trennung verbluten zu lassen als Form einer Nicht-Überlebensfähigkeit, wobei dann die Chirurgen als Werkzeuge Gottes agieren und nicht als „Götter in Weiß".

Wesentlich rationaler wäre allerdings eine Argumentation aus philosophischer Sicht. So stünde die Frage nach der Würde des Menschen im Mittelpunkt: hat ein Arzt das Recht – unabhängig von seiner Befugnis - eine Trennung der Zwillinge vorzunehmen? An dieser Stelle bleibt undurchsichtig, ob der Arzt tatsächlich das Heil seiner Patienten anstrebt oder nicht doch über moralische Scheinargumente in Wahrheit seinen eigenen Ruhm vorantreiben möchte (vgl. Bethge 2001, S. 243f.). Denn unabhängig davon, was mit diesen Patienten geschieht: der Arzt steht gut da – entweder als Held, der alles erdenklich Mögliche innerhalb seiner Disziplin versucht hat, um den beiden zu einem humaneren Leben zu verhelfen und dabei gegen die Natur gescheitert ist oder aber als allmächtiger Wissenschafter und bester seiner Zunft, der sich allen Naturgesetzen widersetzen kann (vgl. Koch 2001, S. 80). Wie hilfreich dieses Unterfangen für die Patienten de facto ist, ist dabei völlig unwesentlich (vgl. Sulzer 1990, S. 186f.). Die Subjekte werden zu willenlosen Versuchsobjekten. Sie sind nicht das Ziel, sondern der Weg der Forschung und Erkenntnis (vgl. Sulzer 1990, S. 189f.). Fraglich bleibt, wessen Vorteil das Unternehmen also darstellt. Im Vordergrund steht unter Umständen alleinig die Wissenschaft. Für deren Fortschritt müssen Verluste eingeplant sein (vgl. Bethge 2001,

S. 244). Doch ist die OP an sich eine schlechte Handlung? Davon muss heutzutage womöglich ausgegangen werden, wenn die (wenigen) statistischen Zahlen betrachtet werden: die Erfolgsaussichten sind minimal. Gleichzeitig kann es sich aber auch um eine gute Handlung handeln, denn in einer Kette von ähnlichen OP's leistet sie einen Beitrag dazu, dass neue Erkenntnisse erworben werden und es dadurch irgendwann zu einer erfolgreichen Trennung kommen kann durch die entstandene Erfahrung. Zudem ist die mögliche Tötung, um Leben zu retten, zugleich auch das Mindern von Leiden. Damit heiligt das Ziel und der Zweck die Mittel. Die Inkaufnahme aller Risiken verblasst unter Betrachtung des möglichen Endziels: dem happy end mit zwei (glücklichen) getrennten Individuen. Allerdings ist die OP an sich als Handlung schon verwerflich, denn das Sterben ist bewusst mit eingeplant. Andererseits hängt vermutlich das größte Glück der größten Zahl (an Betroffenen) auch von dem Akzeptieren der Tötung eines Zwillings ab. Einer muss sterben, um den anderen zu retten. Der Kosten-Nutzen-Faktor überwiegt auch, wenn das gesamte Umfeld der Zwillinge in die Betrachtung einbezogen wird: die für die Pflege der Zwillinge zuständigen Menschen wären im Idealfall entlastet, die Eltern wären nicht ständig Angriffsfläche für Menschen, die ihre Entscheidung für die Geburt der Zwillinge nicht nachvollziehen können und müssten sich nicht dauernd rechtfertigen (vgl. Deupmann 2001, S.253), für die Krankenkassen und damit die Gesellschaft gäbe es eine Kosteneindämmung.

Heutzutage wird nur allzu oft die innere Schönheit eines Menschen übergangen. Wir leben in einer Welt, in der es um Oberflächlichkeiten geht. Kleinste Makel werden retuschiert, überschminkt, mit dem Fitnesstrainer wegtrainiert. Wer bestimmte Markenbekleidung trägt ist en vogue. Im äußersten Fall wird wegoperiert, was aus ästhetischem Empfinden nicht an den natürlichen Körper gehört. Wer gut aussieht, hat beste Aussichten auf Erfolg, sei es auf dem rar besetzten Arbeitsmarkt, sei es im privaten Bereich (vgl. Lakotta 2002, S. 82f.). Auf dem Markt der Eitelkeiten vergessen wir nur allzu schnell, wer wir tatsächlich sind. Die kollektive Selbsttäuschung wird in unseren Zeiten zelebriert; wir feiern uns selbst, weil es sonst niemand tut. Die hoch gepriesene Individualität lässt uns vereinsamen, selbst wenn der uralte Wunsch nach Partnerschaft und Freundschaft tief in uns verwurzelt ist. Doch wenn wir den von uns gewählten Weg hinterfragen würden, müssten wir uns unweigerlich auch die unliebsame Frage stellen: was ist mein Lebenssinn? Behinderte Menschen, insbesondere siamesische Zwillinge, haben kaum die Möglichkeit, sich den harten Tatsachen der Wirklichkeit zu verweigern – sie werden mit der Realität, mit der Aversion durch ihre Mitmenschen direkt und offen konfrontiert. Vermutlich war das der Grund für Ladans und Ladehs Entschluss. Es gibt keine Beschönigungen. Kafka – als eigentlich (optisch) gesunder und attraktiver Mensch – ist an der harten Realität, die er filterlos betrachtet hat mit all ihrer Oberflächlichkeit und Hässlichkeit, verzweifelt. Doch dabei handelt es sich um eine subjektive Empfindung. Auch siamesische Zwillinge reagieren unterschiedlich auf die gegebenen Bedingungen.

Dem Anschein nach müssten die rechtlichen Bestimmungen wesentliche konkreter feststehen. „Die Würde des Menschen" – und zwar jedes Menschen - „ist unantastbar. Sie zu achten und zu schützen ist Verpflichtung..." (Artikel 1, Grundgesetz, in: Behler 1997, S. 15). Ferner heißt es: „Das Deutsche Volk bekennt sich zu ... Menschenrechten ..." (ebenda). Durch einen chirurgischen Eingriff und insbesondere bei minderjährigen Patienten wird willkürlich nicht akzeptiert, dass sie so sind wie sie sind. Sie werden getrennt und müssen in der Regel verstümmelt leben. Das Menschsein – so wie sie sind – wird in diesem Falle nicht akzeptiert von Dritten. Andererseits stellen die würdelosen Blicke der restlichen Bevölkerung auch keine angenehmes Leben dar (vgl. Sulzer 1990, S. 8, 37). Ebenso steht im Grundgesetz auch: „Niemand darf wegen seiner Behinderung benachteiligt werden" und „Alle Menschen sind vor dem Gesetz gleich" (Behler 1997, S. 16). Die Realität ist häufig abweichend. Dabei drückt sich das Grundgesetz auch sehr wage aus (vgl. Blech 2002, S. 250): „In keinem Falle darf ein Grundrecht in seinem Wesensgehalt angetastet werden"(ebd., S.22).

Aus juristischer Sicht spielt zudem eine wesentliche Rolle, ob – was ja meistens bei einem chirurgischen Eingriff der Fall ist – die Zwillinge minderjährig sind, d.h. sie entscheiden nicht selbst, was geschieht.

Der Kalkülcharakter, nämlich dass die Risiken bewusst in Kauf genommen werden, steht dabei im krassen Gegensatz zu der Idee der Würde, d.h. der Achtung vor dem Selbstzweck eines menschlichen Daseins – das Dasein ohne Kalkül. Dabei wird im ersteren Fall eine mögliche Tötung während der Behandlung als Mittel zur Glücksoptimierung, quasi als Investition für die Zukunft gesehen (vgl. Singer 1990, S. 183).

Insgesamt müssen Siamesische Zwillinge sehr widerstandsfähig sein, um in einer Gesellschaft klar zu kommen. Das bedeutet, dass sie starke Persönlichkeiten sind, wenn sie sich der Gesellschaft offen gegen stellen wie etwa die Brüder Bunker. Vielleicht sind sie tatsächlich diejenigen Menschen, die wirklich von sich behaupten können, glücklich zu sein. Denn sie sind im Reinen mit sich und ihrer Umwelt.

14

In Hinblick auf die Trennungsentscheidung wäre aus ethischer Sicht entscheidend, die Zwillinge selbst entscheiden zu lassen, was sie mit ihrem Leben machen wollen. Da aber zur Eingrenzung des Risikos medizinisch gesehen das Abwarten der Volljährigkeit absolut unzumutbar ist, bleibt am Ende nur die Willensfreiheit der Eltern, die diese Kinder letztlich auch in die Welt gesetzt haben.

7.2 Fazit

Am Ende der Debatte lassen sich zwei Seiten aufzeigen:

eine Trennung ist nur sinnvoll, solange die Zwillinge jung sind und der Eingriff relativ unkompliziert ist, denn nur dann haben sie eine reelle Überlebenschance. Eine große Rolle spielt dabei ihr näheres Umfeld, dem sie Schwierigkeiten bereiten, bzw. durch die sie in ihrer psychischen Entwicklung gehindert werden können, da sie nicht ins Raster der „normalen Menschen" hineinpassen. Hinzu kommt in gesellschaftlicher Hinsicht der enorme Kostenfaktor durch Behinderung. Schließlich sind sie häufig nicht in der Lage, selbständig zu leben. Durch eine erfolgreiche Trennung könnten die Zwillinge ein unauffälligeres, erfüllteres, selbständigeres und damit glücklicheres Leben führen.

Fragwürdig bleibt eine Trennung, wenn sich die Eltern zwar gegen eine Abtreibung entscheiden, aber wehement für einen komplizierten Eingriff mit möglicher Todesfolge einsetzen. Ebenso abzuwägen ist für die Betroffenen, ob sie mit dem Bewusstsein leben könnten, den einen auf Kosten des anderen überleben zu lassen oder ob eine zusätzliche Behinderung das Leben lebenswerter macht und wie sinnvoll dabei die OP an sich wäre. Nicht zuletzt spielt auch hier der enorme Kostenfaktor eine Rolle, denn meist handelt es sich nicht um eine ausweglose Situation, die lebensrettend wäre, d.h. auch nicht mit Schmerzen verbunden ist. Bislang ist es überwiegend so, dass sich die Behinderung eher durch den Eingriff verschlimmert. Insofern wäre eine Abtreibung die wesentlich unkompliziertere Vorgehensweise im 21. Jahrhundert, da durch die Pränatale Diagnostik früh klar wird, ob Komplikationen auftreten.

Schwierig ist dabei die Entscheidung, die grundsätzlich für ein Kind, das selbst nicht bestimmen darf – wie bereits erwähnt -, getroffen wird.

8   Quellenangaben

- Berndt, Christina: Ein Traum wird zum Albtraum. In: Süddeutsche Zeitung, 2003

- Berndt, Christina: Glückliches Doppelleben. In: Süddeutsche Zeitung, 2003

- Behler, Gabriele/Ministerium für Schule und Weiterbildung NRW (Hrsg.): Mit gutem Recht – Grundlagen für das politische Handeln, Düsseldorf 1997

- Bethge, P. et al.: Wir sind besser als Gott. In: SPIEGEL Nr. 20/14.05.2001, S. 240-252

- Blech, J./ Lakotta, B./ Noack, H.J.: Babys auf Rezept. In: SPIEGEL Nr. 4/21.1.2002, S.81-83

- BzgA: Was erhält den Menschen gesund? Antonovskys Modell der Salutogenese – Diskussionsstand und Stellenwert, Bd. 6, Köln 2001

- Duden, Bd.9, Mannheim, Wien, Zürich 1984

- Deupmann, U./Grolle, J./Neubacher, A.: Das ist Doppelmoral. In: SPIEGEL Nr. 20/2001, S. 253-254

- Koch, Erwin: Jesses Asche. In: SPIEGEL Nr. 20/14.05.2001, S. 72-80

- Joppich, Ingolf: Siamesische Zwillinge. In: Hauner-Journal, 2002

- Kant, Immanuel G.: Kritik der reinen Vernunft,

- Lakotta, B.: Drei sind einer zu viel. In: SPIEGEL Nr. 4/2002, S. 70-80

- Menonitische Nachrichten, 2005

- Pschyrembel: Klinisches Wörterbuch, 259. Aufl., Berlin 2002

- Ruch, Matthias: Tötung oder Erlösung? In: Die Zeit, Nr. 18/2001

- Schiebler, T.H./Schmidt, W./Zilles, K. (Hrsg.): Anatomie, Berlin, Heidelberg 1999

- Singer, Peter: Praktische Ethik, Stuttgart 1990

- Sulzer, Alain Claude: Die siamesischen Brüder, Stuttgart 1990

- Tolmein, Oliver: Geteiltes Recht auf Leben. In: taz, 2000

- Tolmein, Oliver: Recht und Moral – keine Zwillinge. Gericht erzwingt tödliche Trennung von siamesischen Zwillingen. In: Bioethik, 2000

- Wormer, Holger: Singapurer Roulette. In: Süddeutsche Zeitung, 2003